Eugenia Vlachantonis

Epigentik und der Einfluss der Umwelt auf unsere Gene. Hatte Lamarck doch Recht?

GRIN Verlag

Bibliografische Information der Deutschen Nationalbibliothek:

Die Deutsche Bibliothek verzeichnet diese Publikation in der Deutschen Nationalbibliografie; detaillierte bibliografische Daten sind im Internet über http://dnb.d-nb.de/ abrufbar.

Impressum:

Druck und Bindung: Books on Demand GmbH, Norderstedt Germany
ISBN: 978-3-656-93169-0

Dieses Buch bei GRIN:

http://www.grin.com/de/e-book/289128/epigentik-und-der-einfluss-der-umwelt-auf-unsere-gene-hatte-lamarck-doch

Epigentik

In welcher Weise beeinflusst die Umwelt unsere Gene?

Hatte Lamarck doch Recht?

Inhaltsverzeichnis

1 Einführung in die Epigenetik

Die ursprüngliche Sichtweise der Genforschung konzentrierte sich lediglich auf einen geringen Anteil des Erbguts, der Anweisungen für die Entstehung von Proteinen trägt. Der zentrale Lehrsatz lautete bisher: „DNA erzeugt RNA, RNA erzeugt Proteine – und Proteine erledigen praktisch alle relevanten Aufgaben in der Biologie." [1] Erst kürzlich ist jedoch wissenschaftlich bewiesen worden, dass der Anteil der proteincodierenden DNA – Sequenzen nur 2 % des Erbguts beträgt. Die übrige Erbsubstanz wurde oft als „Schrott – DNA" bezeichnet und als nutzlos abgestempelt.

Neue Forschungen beweisen, dass es weitere Informationsebenen gibt, die das Ablesen der genetischen Information dauerhaft beeinflussen. Das neue Forschungsgebiet *Epigenetik* befasst sich mit der Erforschung von epigenetischen Markierungen (z.B. chemische Anhängsel an der DNA) und der Vererbung „neben" der DNA. Das bedeutet, dass die Zelleigenschaften, die auf Tochterzellen vererbt werden, nicht nur in der DNA – Sequenz festgelegt sind.

Der Begriff *„Epigenetik"* stammt aus dem Griechischen. „Epi" bedeutet auf, dazu, nach, um … herum oder zusätzlich. Die Wissenschaft der Epigenetik wird daher auch als der „zweite Code" bezeichnet.

Epigenetische Markierungen bewirken, das Gene an – oder abgeschaltet werden und dadurch Krankheiten, Hormonhaushalt, und Stoffwechsel beeinflussen. Welche Gene nun an- oder abgeschaltet werden, entscheiden äußere Umwelteinflüsse wie „[…] Ernährung, Bewegung, Rauchen, Stress, und Emotionen […]"[2].

Fragen, die die Genetik zuvor nicht beantworten konnte, können nun epigenetische Mechanismen klären, wie zum Beispiel „[…] warum manche Krankheiten Generationen überspringen und eineiige Zwillingspaare nicht gleichermaßen betreffen"[3] Die Erforschung der epigenetischen Mechanismen gibt Zuversicht im Hinblick auf die Behandlung von Krebserkrankungen und Missbildungen mit geeigneten Medikamenten, die „gute" Gene „anschalten" und „böse" Gene „ausschalten".

Die ersten Schritte in der Epigenetik sind schon getan, doch nach Meinung der Forscher wird es ein langer Weg, bis eine Theorie klären kann, wie das komplexe Zusammenspiel zwischen DNA, RNA und epigenetischen Markierungen funktioniert.

---

[1] Wayt Gibbes,W., Preziosen im DNA-Schrott, S. 52
[2] Eder,J., Die Macht gegenüber unseren Gene, S.101
[3] Wayt Gibbes,W., DNA ist nicht alles in, S. 60

Die Forscher arbeiten zurzeit intensiv daran, die Mechanismen für die Genregulation zu ergründen.

2 Epigenetische Modifikationen

Die Zellen eines Organismus können ihre Aufgaben nur dann erfüllen, wenn sie die Aktivität der benötigten Gene steuern. Da nicht jedes Gen zur selben Zeit benötigt wird, ist jedes einzelne Gen mit Schaltelementen versehen, doch dies reicht für die Steuerung nicht aus. Die epigenetischen Marker dienen als zusätzliche Steuerungsebene, die Gene durch chemische Markierung an der DNA an- oder abgeschaltet. Die häufigste epigenetische Markierung ist das Anheften von Methylgruppen. Diese kleinen chemischen Verbindungen bewirken, dass ein Gen nicht mehr abgelesen werden kann und in Proteine übersetzt werden kann.

2.1 Methylierung

Eine Änderung, die nicht an der Basensequenz stattfindet, heißt epigenetische Veränderung. Das Genom selbst ändert sich nicht, sondern nur die Programmierung auf diesem. Die Stilllegung (Inaktivierung) eines Gens kann zum einen auf dem Methylierungsvorgang beruhen.

Vorgang der Methylierung: Eine Methylgruppe (CH3) besteht aus einem Kohlenstoffatom mit drei Wasserstoffatomen. Die Nucleotidbase „Cytosin“ modifiziert sich zu 5-Methyl-Cytosin, wenn sich der vierte freie Bindungsarm der Methylgruppe an dem 1. C- Atom der Cytosin-Base verankert. Enzyme wie Methylasen, übertragen die Methylgruppen von Vitaminen wie Folsäure und B12 auf die Cytosin-Basen im gesamten Genom. Es ist noch unklar, woher die Methylasen ihre Anweisungen bekommen.

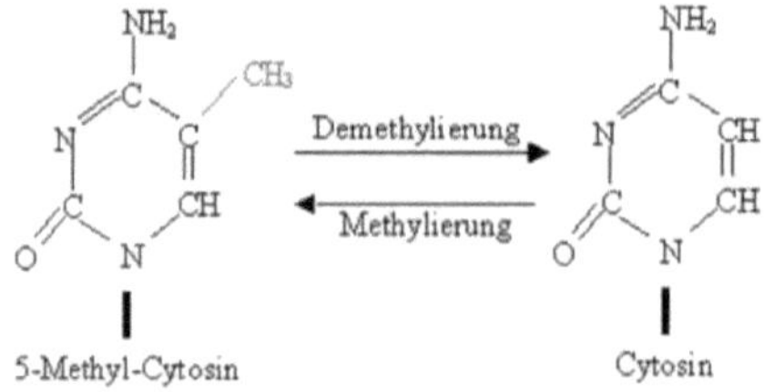

Abb. 1: Methylierungsvorgang anhand Cytosin

Funktion der Methylierung: Der Methylierungsvorgang reguliert die Aktivität der Gene und hat unterschiedliche biologische Funktionen, die wichtig für die Entwicklung und Gesundheit eines Organismus sind.

Die Methylgruppen können die Anheftung der RNA-Polymerase am Promoter der DNA zur Transkription verhindern. Dies hat zur Folge, dass die DNA – Sequenz nicht mehr abgelesen werden kann und damit keine Proteine synthetisiert werden können. Je mehr Methylierung stattfindet, desto geringer ist die Wahrscheinlichkeit, dass die DNA – Sequenzen abgelesen werden kann und die Gene ihre Funktion ausüben können. Den Zustand der Gene durch die Methylierung wird als „Verankerung" bezeichnet, da die Methylgruppen entfernt bzw. neu gesetzt werden können.

Überraschend für die Forschung war, dass die Methylgruppen bei der Replikation mitkopiert werden. Das heißt, dass die epigenetischen Informationen von der einen Zellgeneration an die nächste weitergegeben werden.

Die Methylierung spielt ebenfalls eine wichtige Rolle für die Regulation der Genaktivität und dient damit als Kontrollmechanismus für unsere Gene.

Sogenannte Transposons (springende Gene) verändern ständig ihre Position im Genom. Die Veränderung ihrer Position führt dazu, dass Gene lahmgelegt werden können. Sie besitzen ebenfalls die Fähigkeit sich selbst zu klonen und diese Kopien in entfernte Bereiche im Genom einzubauen. Dies kann auch dazu führen, dass ein Gen überaktiviert wird, sodass es zu einer Überproduktion an Proteinen kommt. Die Forschung hat bewiesen, dass eine Verbindung zwischen der Anzahl der Methylgruppen und der Aktivität von Transposons herrscht. Das Experiment, das die enge Beziehung zwischen Transposons und Methylgruppe zeigt, wurde mit Agouti-Mäusen durchgeführt. Die Fellfarbe der Tiere variiert zwischen gelb bis schwarz, da diese von einem parasitären Gen, dem Agouti-Transposon, bestimmt wird. „Eine der Gruppen trächtiger Agouti-Mäuse erhielt das übliche Futter, eine andere Gruppe dagegen Spezialfutter, angereichert mit Vitamin B12, Folsäure und anderen guten Methylquellen"[4]. Bei der Gruppe, die übliches Futter erhielt, war bei 60% der Nachkommen die Fellfarbe gelb. Die Nachkommen der zweiten Gruppe hatten braunes Fell. Bei der Gruppe, die das Spezialfutter erhielt, kam es also zu einer vermehrten Methylierung und damit zur Inaktivierung der Agouti-Transposons. Eine der Hauptfunktionen der Methylierung ist hiermit bewiesen worden, nämlich die vielen

[4] Wayt Gibbs,W., DNA ist nicht alles, S. 62

Transposons stummzuschalten. Das menschliche Genom besteht aus 45 % parasitären Sequenzen, die sich im Laufe der Evolution ins Genom eingenistet haben. Glücklicherweise sind diese stark methyliert, sodass sie ihre Funktion nicht ausüben können.

Ein Student wies mit Hilfe der Knock-out-Technologie[5] nach, dass der Methylierungsvorgang absolut essenziel für Föten ist. Damit die Viren-DNA der Föten nicht aktiv bleibt, muss die DNA der Viren methyliert werden. Lagert sich an die Viren-DNA keine Methylgruppen, so sterben die Embryos schon als Föten.

Wie wichtig der Methylierungsvorgang ist, zeigt ebenfalls ein Aufsehen erregendes Experiment. Wissenschaftler störten den Methylierungsvorgang in embryonalen Stammzellen, indem sie das Gen für eines der nötigen Enzyme, das die Methylgruppen an die Basen anheftet, lahm legten. „Das Ergebnis: Zahlreiche Transposons wurden aktiviert und die Mutationsrate der Zelle stieg um das Zehnfache.“[6]

Auch Bakterien nutzen die Methylierung, um die zelleigene DNA von der fremden DNA zu unterscheiden.

Zusammenfassend lässt sich sagen, dass die epigenetische Markierung durch die Methylierung vorteilhaft ist, da diese zwar chemisch stabil ist, aber dennoch leicht durch Enzyme entfernt werden kann. Damit kann sich der Methylierungsvorgang flexibel an wechselnde Umwelteinflüsse anpassen. Meiner Ansicht nach ist es doch ebenso wichtig zu wissen, woher die Methylasen „wissen“ ob dieses Gen gutartig bzw. bösartig ist. Zu dieser Frage habe ich jedoch keine Informationen gefunden.

2.2 Histonmodifikation

Die Histonmodifikation ist ein weiterer epigenetischer Mechanismus, der die Wirkung der Gene schwächt oder stärkt. Ein Chromosom ist „ein dynamisches Komplex aus DNA, Proteine und anderen Substanzen“. Der DNA – Strang liegt nicht lose im Chromosom, sondern ist perlenschnurartig um Histone gewickelt. Damit Enzyme nun die DNA-Sequenz ablesen und abschreiben können, muss der Teil der DNA – Sequenz ablesbar sein. Dies funktioniert aber nur, wenn sich chemische Anhängsel auf den Histonproteinen befinden, damit Abschnitte des Chromosoms in einer lockeren Form vorhanden sind.

---

[5] Knock-Out-Technologie: Methode, die gezielt Gene ausschalten kann

[6] Wayt Gibbs,W., DNA ist nicht alles, Teil:2, S. 72

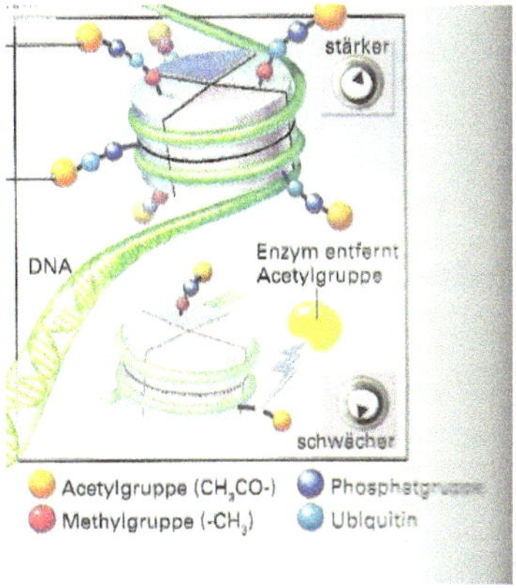

Abbildung 2: Histonmodifikation[7]

Ein Enzym, das die Acetylgruppe entfernt, schwächt die Aktivität der Gene. Umgekehrt stärkt das Anhängen der Acetylgruppe die Aktivität. Verdichtet sich ein Abschnitt des Chromatins, so folgt eine Kettenreaktion. Die Stummschaltung hält so lange an, bis die Stummschaltung auf ein Hindernis trifft. An der Universität Rochester wurden Enzyme identifiziert, die als Signalelemente fungieren. Die Enzyme erhalten den aktiven Zustand, indem sie Acetylgruppen an die Histone heften. Wie diese Erkenntnis zu Stande gekommen ist, ist jedoch nicht bekannt.
Die Forschung in diesem Bereich der Histonmodifikation ist noch nicht soweit, um zu entschlüsseln, was die restlichen chemischen Anhängsel für eine Bedeutung haben. Neuere Untersuchungen zeigen, dass die Methylgruppen, Phosphatgruppen und das Protein Ubiquitin an unterschiedlichsten Stellen in anderem Maße vorkommen, sodass es schwierig sein wird eine Art „Histoncode" zu entwickeln.

Funktion: Eine wichtige Funktion hat die Histonmodifikation bei Frauen. Da Frauen im Gegensatz zu Männern mit zwei X-Chromosomen geboren werden, müssen weibliche Embryonen schon sehr früh einer der beiden Chromosomen abschalten. Um eine doppelte "Dosis" X-Chromosom zu verhindern, wird die Aktivität eines Chromosoms unterbunden. „Ein nichtcodierendes Gen namens Xist (*X inactive specific*

[7] Wayt Gibbs,W., DNA ist nicht alles Teil:2 S. 74

transcript) produziert eine aktive RNA, die sich in großen Mengen an das eine X-Chromosom anlagert.“ [8]Das andere produziert hingegen eine so genannte Antisense-RNA als eigenes „Gegengift“ gegen Xist-RNA. Das heißt, dass die Anlagerung der Xist-RNA notwendig ist, um ein X-Chromosom stumm zu schalten. Weiterhin führt die Anlagerung der Xist-RNA an dem abzuschaltenden Chromosom dazu, dass große Teile der DNA „Methyl-Etiketten“ an den Proteinschwänzen bekommen und Acetylgruppen an den Histonproteinen entfernt werden, sodass sich das Chromatin verdichtet. Solange sich der weibliche Organismus im Entwicklungsprozess befindet, ist der inaktiven Zustand der Gene essenziel.

2.3 RNA – Interferenz

Die RNA – Interferenz ist eine weitere Möglichkeit, um die Funktion der Boten – RNA zu unterbinden.

Forschung/Entdeckung: Die Erforschung der RNA-Interferenz-Maschinerie hat einige Zeit gedauert, bis der Vorgang endgültig beschrieben werden konnte. Die ersten Hinweise auf die sogenannte RNA – Interferenz tauchten im Jahr 1990 auf. Richard A. Jorgensen hatte in einem Experiment ein Phänomen festgestellt, dass heute als RNA-Interferenz bezeichnet wird. Jorgensen fügte in violett blühende Petunien Exemplare eines Gens, das für die Synthese des natürlichen Blütenfarbstoffes Anthocyan (dunkelblau) zuständig ist, ein. Der Forscher erhoffte sich dadurch eine noch intensivere Färbung der Petunie. Das zu erwartende Ergebnis ist jedoch nicht eingetroffen, sondern das Gegenteil war zu beobachten. Die Blüten wiesen völlig ausgebleichte Stellen auf und erschienen insgesamt blasser. Zu diesem Zeitpunkt berichtete Joseph Mol von der Freien Universität Amsterdam ein ähnliches Phänomen. Beide Forscher gingen davon aus, dass die zusätzlichen Gene auf eine noch unerklärliche Weise die Farbstoffsynthese der Gene unterdrückten. Diese Erscheinung bezeichneten sie als Co-Suppression, da nicht nur die in die Pflanzen eingebrachten Gene, sondern auch das natürlich in den Pflanzen vorkommende Gen für die Synthese des Blütenfarbstoffs nur wenige Proteine lieferte.

Weitere Versuche, die diesen Effekt beschreibten, zeigte eine Arbeitsgruppe von William G. Doughetery an der Staatsuniversität von Oregon in Corvallis. Sie injizierten Tabakpflanzen CP – Gene des Tabakätz-Virus, die für die Synthese des Hüllproteins CP

[8] Wayt Gibbs, W., DNA ist nicht alles,S.58

verantwortlich sind. Überwiegend erwiesen sich die Tabakpflanzen als immun gegen den Virus. Deren Annahme zufolge unterdrücken die Pflanze die Aktivität der fremden CP- Gene und damit auch die Vermehrung der Viren. Es gab ebenso Beobachtungen bei denen sich der Virus vermehrte. In diesen Fällen wurden die CP-Gene nicht unterdrückt, sodass sie vom Virus befallen worden sind. Doch die geringe Anzahl der CP-Boten-RNA zeigte später, dass es doch noch zu einer Inaktivierung der CP-Gene gekommen ist. Die Forscher gehen davon aus, dass „irgendein Vorgang auf der Ebene der Boten-RNA die Resistenz gegen den Virus verursachen". Dennoch fanden Doughtery und seine Arbeitsgruppe mit dem Experiment keine Lösung, die den Vorgang der RNA – Interferenz beschreibt.

Zur gleichen Zeit haben Biologen Gene in einem durchsichtigen Fadenwurm mithilfe der „Antisense"- RNA abgeschaltet. Der Unterschied zwischen der Boten – RNA und der Antisense – RNA besteh darin, dass die Boten – RNA vom codogenen Strang der DNA transkribiert wird. Eine zur Boten - RNA komplementäre Antisense - RNA entsteht, wenn der nicht codogene Strang der DNA transkribiert wird. Wie ich schon in „Einführung in die Epigenetik" erwähnt habe, haben Forscher nachgewiesen, dass die vermeintliche „Schrott – DNA" wichtige Funktionen haben und nicht nur sinnlos sind, so auch die Antisense-RNA. Die sogenannte „Antisense"- RNA kann sich mit der zugehörigen Boten – RNA zu einem Doppelstrang zusammenfügen, sodass sie eine Doppelhelix bildet. Die Antisense – RNA sucht immer die Boten- RNA auf mit der komplementären Sequenz. Die RNA – Doppelhelix ist damit nicht mehr in der Lage Proteine zu synthetisieren. Diese Experimente bei anderen Organismen mit der Antisense-RNA waren nicht immer erfolgreich. Zunächst schien es so als seien die Versuche mit dem Fadenwurm erfolgreich, doch es kam zu widersprüchlichen Beobachtungen. „Auch Sense-RNA war fähig, die Genexpression zu unterbinden, obwohl sie die gleiche Sequenz wie die Boten-RNA des Zielgens hatte und diese daher nicht durch Paarung abfangen konnte."[9]

Eine Vermutung, die diesen Widerspruch erklärte, hatten zwei Wissenschaftler (Andrew Z. Fire von der Carnegie Institution in Washington und Craig C.Mello von der Universität von Massachusetts). Sie vermuteten, dass die Antisense- und Sense RNAs, die bei dem Versuch benutzt worden waren, Spuren von doppelsträngiger RNA aufwiesen. Diese Annahme würde damit erklären, warum auch die Sense-RNA eine

[9] Lau, N.C.,/Bartel, D.C., Zensur in der Zelle S.44

Inaktivierung der Gene auslöste. Um Klarheit zu schaffen und ihre Annahme zu beweisen, injizierten die Forscher dem Fadenwurm einzelsträngige oder doppelsträngige RNA. Die RNA-Abschriften stammten von einem Gen namens unc-22, das für die Muskelfunktion zuständig ist. Wichtig bei diesem Versuch war natürlich, dass die einzelsträngige RNA keine Spuren von doppelsträngiger RNA aufwies, damit der gleiche Fehler nicht erneut für ein widersprüchliches Ergebnis verantwortlich ist. Die Injektion von doppelsträngiger RNA führte bei den Fadenwürmern, sowie bei ihren Nachkommen zu Zuckungen. Damit hat die doppelsträngige RNA zur Abschaltung des Gens unc-22 geführt. Diesen Effekt beobachteten die Wissenschaftler auch bei anderen Genen. Sie bezeichneten, den noch unbekannten Vorgang, als RNA-Interferenz. Der genaue Funktionsmechanismus wurde erst später entdeckt.
Dieses Ergebnis erklärt nun welche Vorgänge sich bei der Tabakpflanze abgespielt haben. Allgemein erzeugen Viren bei der Vermehrung doppelsträngige RNA und auch das Tabakätz-Virus, das der Tabakpflanze injiziert wurde. Die Pflanzen fangen die Boten-RNAs der viralen Gene ab und schalten die Gene damit ab. Die Boten-RNA der eingeschleusten CP-Gene wurde dadurch ebenfalls abgeschaltet.

Vorgang: Bei der Ergründung des Funktionsmechanismus der RNA-Interferenz leisteten „ (…) Thomas Tuschl von der Rockfeller-Universität in New York, Philipp D.Zamore von der Universität von Massachusetts und Gregory Hannon vom Laboratorium Cold Spring Harbor (…)“ wesentliche Beiträge. Der Prozess kann in drei Phasen unterteilt werden. Im ersten Prozess wird die doppelsträngige RNA von einem Enzym namens Häcksler (Dicer) in Fragmente zerschnitten. Dabei entstehen kleine interferierende RNAs (siRNAs; engl. small interfering RNA), die an versetzten Stellen durchtrennt wurden, sodass jeweils an den Enden 2 Nucleotidbausteine übrig bleiben. Die Länge der siRNAs beträgt insgesamt 22 Nucleotidbausteine. Im zweiten Schritt werden die Fragment von der Helicase in einzelstränge getrennt und einer davon (der Leitstrang) wird in den RNA induzierten Silencing Complex (RISC) eingefügt. Dieser besteht aus einem Verbund aus mehreren Proteinen. Die Anordnung der siRNA-Moleküle führt dazu, dass es aktiviert wird, sodass es mit einer komplementären Boten-RNA in Kontakt treten kann. Die eingefangene Boten – RNA wird mithilfe eines Enzyms, namens Slicer durchgeschnitten. Das RNA – Interferenz System nutzt einzelsträngige Bruchstücke der doppelsträngigen RNA, „ um eine schwarze Liste von

Boten-RNAs zu erstellen, die vernichtet werden sollen."[10] Der gerade beschriebene Prozess läuft ab, um die doppelsträngige RNA der Viren zu unterbinden. Bei meinen Recherchen nach der RNA-Interferenz habe ich eine weitere Funktion der RNA-Interferenz gefunden.

In nicht codierende Abschnitte der DNA entstehen mikro –RNAs, die mithilfe der RNA-Interfernz Maschinerie Boten-RNAs abgefangen werden. Gene, in denen sich proteincodierende Abschnitte befinden, werden von nicht proteincodierenden Abschnitten unterbrochen. Diese nicht codierenden Abschnitte werden als *Introns* bezeichnet. Bei der Transkription der DNA werden die Introns rausgeschnitten, da sie für die Boten – RNA keine Funktion haben. In einigen Introns befinden sich sogenannte mikroRNAs. Diese mikroRNA ist komplementär zu einigen proteincodierenden Genen. Die mikroRNAs werden von einer RNA – Interferenz – Maschinerie bearbeitet, da sie sich haarnadelförmig auf sich selbst zurückfalten und von der RNA – Interferenz als doppelsträngige-RNA interpretiert werden. Nach dieser Bearbeitung suchen sie Boten – RNAs auf, die komplementär zu ihrer eigenen Basensequenz sind. Ein Zusammenschluss dieser beiden Stränge zerstört die Funktion der Boten – RNA.

Funktion: Ein Beispiel zeigt, wie wichtig die Funktion der mikroRNAs in einem Organismus ist. Forscher am Max-Plack-Institute für Entwicklungbiologie beobachteten die Funktion der RNA –Interfernz bei der Ackerschmalwand. Normalerweise hat die Pflanze im gesunden Zustand glatte, löffelförmige Blätter. Missbildungen an den Blättern der Pflanze konnten weder anhand der Antisense-RNA noch anhand Mutationen erklärt werden. Sie fanden heraus, dass die Blattform auf die Aktivität der mikro-RNA zurückzuführen ist. Die mikro-RNA ist komplementär zu proteincodierenden Genen, die die Form und Größe der Pflanze beeinflussen. „Wenn die mikro-RNA nicht mehr funktionierte, sahen die Pflanzen krank und auffallend deformiert aus."[11] Die mikro-RNAs, die die Boten-RNAs der proteincodierenden Gene abfangen und zerstören, dienen damit als Regulation für die proteincodierende Gene. Seit dem die Forscher sich intensiv mit den mikro-RNA beschäftigen wurden, mehr als 300 mikro-RNAs bei beim Menschen nachgewiesen. Die Erforschung der mikro-RNAs ist zurzeit ein aktuelles Thema. Weiterhin wurde nachgewiesen, dass eine Fehlbildung

---

[10] N. C. Lau/ D.P. Bartel, Zensur in der Zelle S.45
[11] Wayt Gibbs,W., Preziosen im DNA-Schrott S.56

der mikro-RNAs dazu führen kann, dass unerwünschte Prozesse wie die Tumorbildung in Gang gesetzt werden kann. Anna M. Krichevsky von der Harvard Medical School in Cambridge vermutet, dass die mikro-RNAs eine wichtige Rolle bei der Entwicklung des Gehirns spielen. In entwickelnden Mäusen fand sie in den Nervenzellen 44 verschiedene Mikro – RNAs, anhand eines Genchips. „Das Ergebnis: Mindestens neun davon unterliegen während des Gehirnwachstums präzise regulierten Schwankungen. Der Zusammenhang zwischen Hirnentwicklung und mikroRNAs ist zwar bislang nur indirekt belegt.“

Zusammenfassend lässt sich sagen, dass die RNA – Interferenz die Zellen vor Fremdgenen schützt, wie z.B. Viren, indem sie die Boten – RNA der Viren, die zu einer Produktion von schädlichen Proteinen führt, einfängt. Desweitern hat sie eine wichtige Funktion beim Verlauf von Wachstum und Entwicklung, da sie die Aktivität von proteincodierender Gene reguliert.

3 Zukunft in der Medizin

Methylierung: Epigentische Fehler sind offenbar an der Entstehung von Missbildungen, Krebsentstehung und anderer Erkrankungen beteilig. Zuvor ging man davon aus, dass Krebs durch die krankhafte Veränderung der Zelle (bedingt durch die Gene) erscheint, doch, dass epigentische Fehler verantwortlich sind, ist neu. Anders als genetische Fehler sind diese mit Hilfe von Medikamenten rückgängig zu machen. Zum Beispiel tragen Tumorzellen zu wenig Methylgruppen, gleichzeitig befinden sich zu viele Methylgruppen an anderen Stellen im Genom. Stephen B. Baylin von der Johns – Hopkins - Universität erklärt, dass bereits bei Darmpolypen (Wucherungen an der Schleimhaut, aus denen Darmkrebs entstehen kann) die DNA eine Untermethylierung der gesamten genomischen DNA aufweisen. Erstaunlicherweise waren zu diesem Zeitpunkt wichtige Anti-Tumorgene noch nicht von Mutationen betroffen. Die Anti-Tumorgene weisen trotzdem eine zu starke Methylierung auf. Damit stellt sich die Frage, warum die DNA so viele Methylgruppen verliert. Die Annahme, dass die Untermethylirung zu Tumoren führe, wurde lediglich an Mäusen getestet. Die

Wissenschaftler erzeugten Mäuse, die einen Mangel an Enzymen, die Methylgruppen anhängen, aufwiesen. 80 % der Mäuse starben innerhalb von neun Monaten an Krebs. Dennoch blieb es eine Hypothese, dass eine Untermethylierung im gesamten Genom beim Menschen Auslöser für die Entstehung von Tumoren ist. Die Auffassung, dass ein Tumor nur entsteht, wenn Mutationen die Anti-Tumorgene außer Gefecht setzen, ist nach Meinung der Forscher nicht der einzige Grund für die Entstehung von Tumorzellen sein. Medikamente die eine Untermethylierung beheben existieren noch nicht. Dennoch werden Substanzen an Patienten getestet, die zu starke Methylierung der Anti-Tumorgene angehen sollen. „Medikamente wie das Loakalanästhetikum Procain, der Stimmungsaufheller Valproinsäure und das Cheomotherapeutikum Decitabine reduzieren anscheinend die Methylierung der DNA, indem sie entweder Gruppen entfernen oder deren Anheftung im Erbgut neu gebildeter Zellen verhindern." Wissenschaftler haben an der Universität von Texas in Houston die Substanz Decitabine bei Patienten mit Leukämie im fortgeschrittenen Stadium geprüft. Das Medikament hatte zwar starke Nebenwirkungen, doch die Leukämie bildete sich bei einigen Patienten zurück (99,9 % der bösartigen Blutzellen verschwanden). Problematisch ist dennoch, dass das gesamte Genom dadurch entmethyliert wird, wodurch auch die Nebenwirkungen hervorgebracht werden. Ein weiteres Problem ist, dass der Effekt nicht lange anhält, denn nach einiger Zeit tauchen wieder Methylgruppen auf, wodurch die Anti – Tumorgene erneut abgeschaltet werden.

RNA-Interferenz: Mithilfe der RNA-Interferenz können Biologen die Funktion der neu entdeckten Gene bestimmen. Die RNA- Interferenz sei ideal um Gene auszuschalten, sodass man ohne einen großen Aufwand beobachten kann, welcher Prozess beeinträchtig wurde. Der Mechanismus lässt sich aber auch für neuartige Medikamente zur Behandlung oder Vorbeugung von Erkrankungen nutzen. Durch systematisches RNAi-Silencing könnte man Gene aufspüren, die in Krebszellen aktiv sein müssen. Einen Wirkstoff zu finden, der die Funktion des entsprechenden Proteins hemmt, wäre eine Möglichkeit, um ihn dann auf seine Eignung als Krebsmedikament zu testen. Neu gegründete Biotechnologie Unternehmen sind darauf ausgerichtet, mithilfe der RNA-Interferenz direkt Krebs, Virus-Infektionen und andere Krankheiten zu behandeln. Therapeutische Erfolge zeigen auf, welches Potential die RNA-Interferenz hat. „Mindestens sechs Teams, darunter das von Philip A. Sharp am Massachusetts Institute of Technology in Cambridge, konnten durch RNA-Interferenz die Ausbreitung von Viren – unter anderem die Erreger von Aids, Kinderlähmung und Hepatitis C- in Kulturen menschlicher Zellen zumindest zeitweise unterbinden."[12]

4 Hatte Lamarck doch Recht?

Nachdem nun erforscht wurde, dass sich epigentische Merkmale vererben, stellt sich die Frage, ob Lamarck nicht doch Recht mit seiner Evolutionstheorie hatte.
Lamarck war der Ansicht, dass sich Lebewese, bedingt durch die Umwelt, unterschiedliche Lebensweisen und Gewohnheiten aneignen, um zu überleben. Durch die unterschiedliche Beanspruchung der Organe, bedingt durch die Umwelt, werden diese unterschiedlich stark ausgeprägt. Die Umwelt, in der Lebewesen sich bewegen, spielt damit in Lamarcks Theorie eine entscheidende Rolle.
Lamarck ging noch weiter. Er war der Ansicht, dass die erworbenen Eigenschaften von Generation zu Generation weiter vererbt werden. Dieser Faktor ist sehr wichtig, da es sonst nach seiner Theorie nicht zur Evolution gekommen wäre. In dieser Hinsicht muss man Lamarck nach heutigem Wissensstand in der Epigentik in gewisser Weise Recht geben.
Nach meinem Erkenntnisstand in der Epigentik sehe ich den Unterschied zwischen Lamarcks Theorie und der Epigenetik hingegen darin, dass Lamarck davon ausgegangen ist, dass das Erbgut durch erworbene Eigenschaften verändert wird, was in der Epigenetik nicht der Fall ist. Die Gemeinsamkeit zwischen Lamarks Theorie und der Epigenetik liegt meiner Ansicht nach lediglich in der Vererbung mit einer gewissen Einschränkung im Bezug zur Epigenetik. Wie ich schon erwähnt habe werden die epigenetischen Marker zwar vererbt werden, aber dennoch immer wieder neu gesetzt und entfernt,
Das Lamarcks Theorie jahrelang nicht anerkannt wurde, muss daran liegen, dass er für seine Theorie nicht geeignete Beispiele gewählt hat. Nach Lamarcks Beispiel wollten Giraffen immer höhere Blätter erreichen, mit der Folge, dass der Hals von Generation zu Generation länger wurde.

[12] Lau, N. C. / Bartel, D.P., Zensur in der Zelle, S.47

5 Erforschung von molekularen Markern in der Molekularepidemiologie

Die Molekularepidemiologie sucht nach molekularen Markern, die Aufschlüsse über den statistischen Zusammenhangt zwischen Umwelteinflüssen und Erkrankungsrisiken geben. . „Die Epidemiologie befasst sich mit der Häufigkeit und Verteilung von Krankheiten aller Art in der Bevölkerung und deren Ursache etwa durch Umwelt oder Erbgut."[13] Der neue Forschungsbereich der Molekularepidemiologie sucht nach molekularen Merkmalen, die frühzeitig über Krankheitsrisiken Aufschluss geben. Das Ziel ist es die Krankheitsrisiken frühzeitig zu erkennen und die dafür verantwortlichen Ursachen zu beheben. Einige Forschungseinrichtungen stehen dem skeptisch gegenüber, da bisher nur wenige Biomarker gefunden worden sind, anhand derer man Erkrankungsrisiken vorhersagen kann. Bei den molekularen Markern handelt es sich um Chemikalien, die sich bedingt durch Umwelteinflüsse an die DNA anlagern. Im Gegensatz zu einigen Jahren zuvor, lassen sich heutzutage die Biomarker mit molekularen Methoden nachweisen.

Eine Studie in China zeigt, inwiefern sich der Einfluss von Luftverschmutzung auf die Entwicklung der Kinder schädlich auswirkt. Die Epidemiologin und Gesundheitswissenschaftlerin Perera verglich Kinder miteinander, die zu unterschiedlichen Zeiten in der Stadt Tongliang zur Welt gekommen sind. An der Luftverschmutzung war das Kohlekraftwerk verantwortlich, dass im Jahr 2004 geschlossen wurde. Dementsprechend verbesserte sich die Luft erheblich. Messungen der Forscher bestätigten eine Verbesserung der Schadstoffbelastung in der Luft. „Die Konzentration von Benzo(a)pyre (BaP), einem der wichtigsten und gefährlichsten PAKs in der Luft, fiel von 2002 bis 2005 um 30 %, die von anderen PAKs sogar noch stärker."[14]

Bei PAKs (polyzyklische aromatische Kohlenwasserstoffe) handelt es sich um chemische Substanzen, die bei der Verbrennung organischen Materialien wie fossiler Brennstoffe oder Holz entstehen. Diese gesundheitsschädlichen Substanzen gelangen in die Luft und in den Boden, sowie beim Grillen in die Nahrungsmittel. Zudem werden diese nicht nur über die Luft eingeatmet, sondern sie können auch leicht über die Haut aufgenommen werden. Die Kohlenwasserstoffe können sich an die DNA setzen, sodass

[13] Fagin,D., Kinder im Smog in: Spektrum der Wissenschaft 2009/8 S.80
[14] Fagin, D., Kinder im Smog S.80

Mutationen ausgelöst werden können und die Zellteilung gestört wird. Es besteht bereits eine Gefahr für ungeborene Kinder, da die PAKs in der Plazenta Rezeptoren besetzen können und so die Sauerstoff- und Nährstoffaufnahme stören. Die PAK-DNA-Addukte wirken sich ebenfalls auf Stoffwechselenzyme, sowie auf Hormone aus. Bei der Studie wurden die Addukte in den weißen Blutkörperchen von Kindern gemessen, die im Umkreis bis zu 2 km um das Gelände leben. Auch wurden die DNA der Kinder, die im Jahr 2002 zur Welt kamen, mit der DNA der Kinder, die im Jahr 2005 geboren worden, miteinander verglichen. Bei dem Versuch, wurde nicht nur die DNA der Kinder untersucht, sondern auch ihre körperliche und geistige Entwicklung. Wie die Statistik zeigte, schnitten die Kinder des Jahrgangs 2002 in Entwicklungstest schlechter ab, als die Kinder von 2005. Des Weiteren wiesen die Kinder des frühen Jahrgangs in den weißen Blutkörperchen mehr PAK-DNA-Addukte auf als die Kinder des späteren Jahrgangs. Der Kopfumfang der Kinder des frühen Jahrgangs maß weniger, als der der späteren geborenen.

Da der Unterschied zwischen den Geburtsjahrgängen 2002 und 2005 nicht groß ist, und es sich im Schnitt „um ein paar Millimeter mehr oder weniger Kopfumfang und Körpergröße, um ein oder zwei Testpunkte bei der Reifemessung“[15] handelt werden Forscher, die nach Biomarkern suchen und deren Auswirkungen beobachten oft kritisiert. Um einen Einfluss der Luftverschmutzung zu belegen wurden Familien ausgewählt, die am wenigsten Störfaktoren, wie z.B. Zigarettenrauch, ausgesetzt sind. Obwohl die Auswirkungen der PAK-Addukte auf die körperliche und geistige Reifung gering erscheinen, folgert Perera, dass die Kinder aus dem früheren Jahrgang langsamer lernen und sich langsamer in feinmotorischen Fähigkeiten entwickeln werden. Seitdem sich die Epidemiologie mit der Epigentik beschäftig, gibt es Hinweise, dass chemische Substanzen die epigenetische Mechanismen manipulieren. Laut Perera, die sich ebenfalls mit der DNA – Methylierung befasst, beeinflussen die PAKs offenbar die Methylierung, sodass wichtige Gene, die Krankheiten außer Gefecht setzten sollen, ausgeschaltete werden.

Ob die vermehrte Methylierung nun ausschlaggebend für die verzögerte Entwicklung von Smogkindern ist, ist noch nicht bewiesen worden.

Da der Zusammenhang zwischen Methylgruppen und chemischer Substanzen (PAKs) bei dieser Studie nicht wissenschaftlich bewiesen wurde, ist es notwendig diese

---

[15] Fagin,D., Kinder im Smog 2009/8, S.83

Annahme auch wissenschaftlich zu beweisen. Sollte sich dies doch herausstellen, müssten die Mediziner die DNA auf Methylgruppen untersuchen. Ein weiteres Problem sehe ich darin, dass die Abstände zwischen den unterschiedlichen Jahrgängen in denen die Kinder geboren wurden, zu kurz gewesen sind. Die Forscher hätten Kinder aus dem Jahrgang 2004 mit Kindern aus späteren Jahrgängen (mehrere Jahre nach dem Ausschalten des Reaktors) auf PAKs testen sollen, da die Keimzellen der Mütter zu dieser Zeit schon vorbelastet waren. Damit war es doch offensichtlich, dass die Unterschiede zwischen den Kindern, die zu den unterschiedlich geborenen Zeiten, nicht wirklich groß sind.

6 Fazit

Der Wissenschaftsjournalist Peter Spork trifft ein anschauliches Bild für die Epigenetik: „Erbgut und Proteine funktionieren wie eine riesige Bibliothek: Die DNA enthält dabei die Texte, während die epigenetischen Strukturen die Bibliothekare, Ordner und Register sind, die die Information verwalten und sortieren". Diese Aussage hörte sich zunächst einfach und logisch an. Doch wie meine Recherchearbeit zeigt, steckt in der Epigentik ein komplexes System, das längst noch nicht entschlüsselt wurde. Ich sehe das wichtigste Ziel der Epigenetik darin, Fortschritte in die Medizin zu machen, um Krankheiten, wie z.B. den Krebs zu besiegen.

Die Ratschläge für ein langes, gesundes Leben sind natürlich nichts Neues. Doch wenn einem so anschaulich dargestellt wird, wie unser Epigenom mit unserer Umwelt bzw. Verhaltensweisen korreliert, dann verleiht es uns ein ganz anderes Bild im positiven wie auch im negativen Sinne. Es ist doch damit auch beruhigend zu wissen, dass die Verantwortung ganz allein bei uns selbst liegt und die Gene nicht nur „Herrscher" über uns sind. Durch eine positive Verhaltensweise könnten wir dadurch schlechte Gene „ausschalten und gute Gene „anschalten".

Meine Recherchearbeit hat ebenfalls ergeben, dass wir das epigenetische Muster von zwei Generationen in uns tragen, durch die Übertragung der Schalter auf die Keimzelle. An dieser Stelle hab ich mich gefragt, inwiefern wir „alte" epigenetische Merkmale aus den früheren Generationen in unserem Genom verändern können. Zu dieser Fragestellung habe ich jedoch keine Information gefunden.

7 Quellenverzeichnis

- Wayt Gibbs,W., Preziosen im DNA-Schrott, in: Spektrum der Wissenschaft 2006/1, S.50-S.60
- Eder,J., Die Macht gegenüber unseren Gene, in: Spektrum der Wissenschaft 2010/5, S.101
- Wayt Gibbs, W., DNA ist nicht alles, in: Spektrum der Wissenschaft Dossier 2006/1,S.58-S.65
- Lau, N.C./Bartel, D.C., Zensur in der Zelle, in: Spektrum der Wissenschaft Dossier 2006/1 S.42-S.49
- Fagin,D., Kinder im Smog, in: Spektrum der Wissenschaft 2009/8,S.78-S.85
- Wayt Gibbs,W., DNA ist nicht alles. Teil:2 in: Spektrum der Wissenschaft 2004/3, S. 68-S.75
- Breuer, H. , Der Mann am Genschalter, in: Spektrum der Wissenschaft 2009/7 S.48-S.54
- Warnke, G., Marker für Krebs, in: Spektrum der Wissenschaft „o.J."

Internetadressen:

- www.geo.de/Geo/mensch/medizin/53101.html2p=2
- www.max-wissen.de/Fachwissen/show/5543.html
- http://www.g-o.de/dossier-detail-437-12.html
- http://www.g-o.de/dossier-detail-437-8.html